Das kleine

# Super M

Mathematische Grunderfahrungen

Herausgegeben von
Ursula Manten
Gudrun Hütten
Klaus Heinze

Erarbeitet von
Erwin Hajek

Cornelsen

# Inhaltsverzeichnis

Super M auf dem Umschlag genau anschauen und die Farben übertragen.
*Welche Farben hat Super M?*

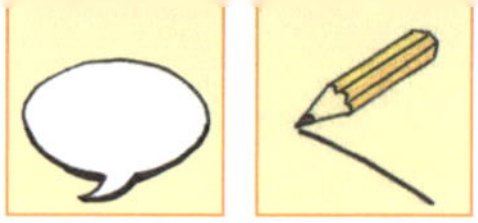

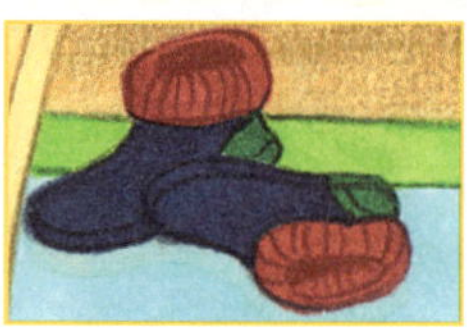

Eine Geschichte erzählen. Vereinzelte Bildelemente im Gesamtbild finden und einkreisen.
*Wo ist die Federmappe?*

MÄRCHEN
TIERE

Im Linienbild einzelne Figuren finden und ausmalen.
*Welche Tiere kannst du entdecken?*

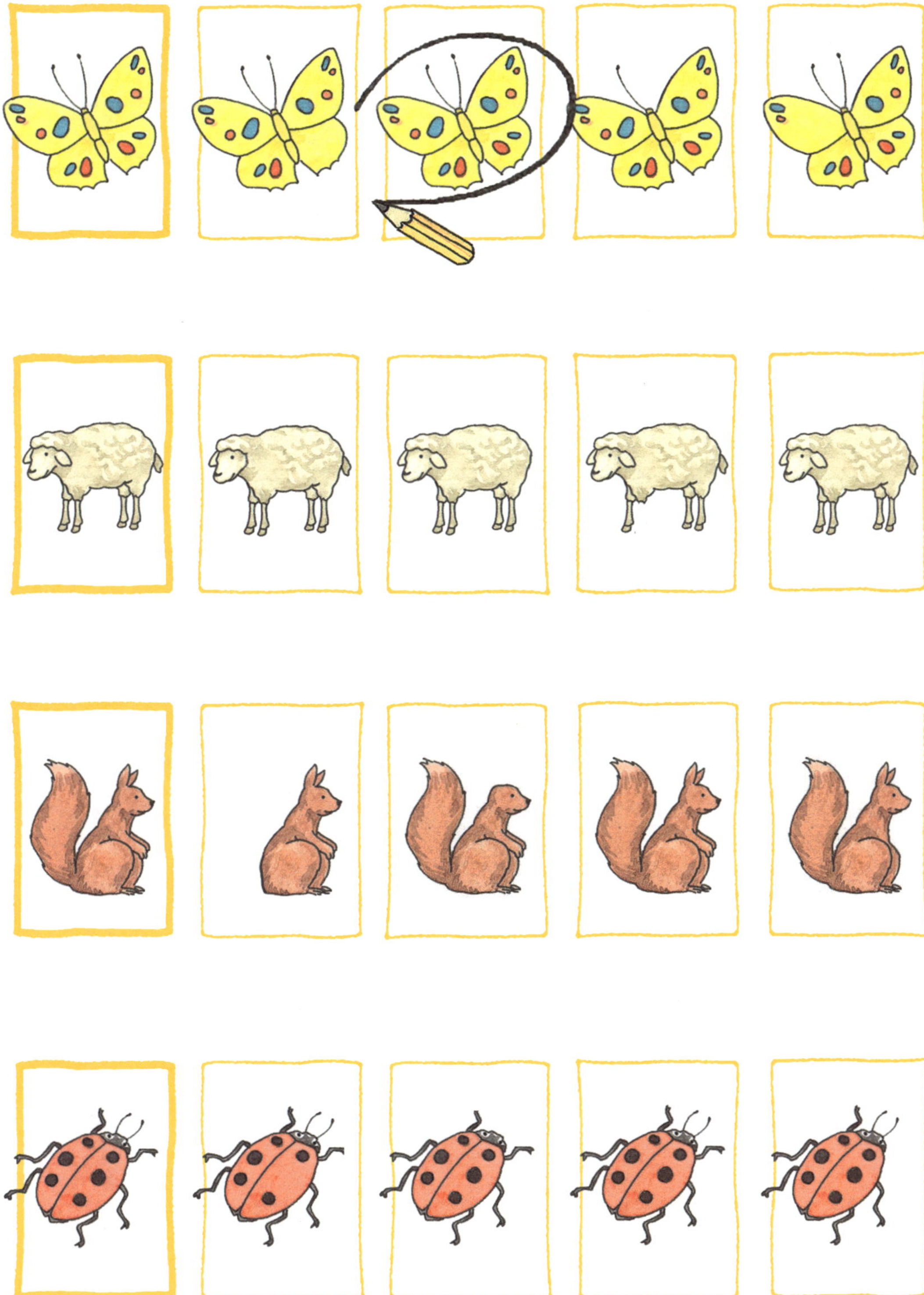



Zum ersten Bild der Reihe das identische finden.
*Finde den gleichen Schmetterling!*

Zum ersten Bild der Reihe Unterschiede finden und ausgleichen.
*Male dazu, was bei den Tieren fehlt!*

Gegenstände, die nicht in die Gruppe passen, durchstreichen.
*Was passt nicht zu den anderen?*

Im Linienbild Figuren finden und ausmalen.
*Finde die Blumen! Finde die Sterne und den Mond!*

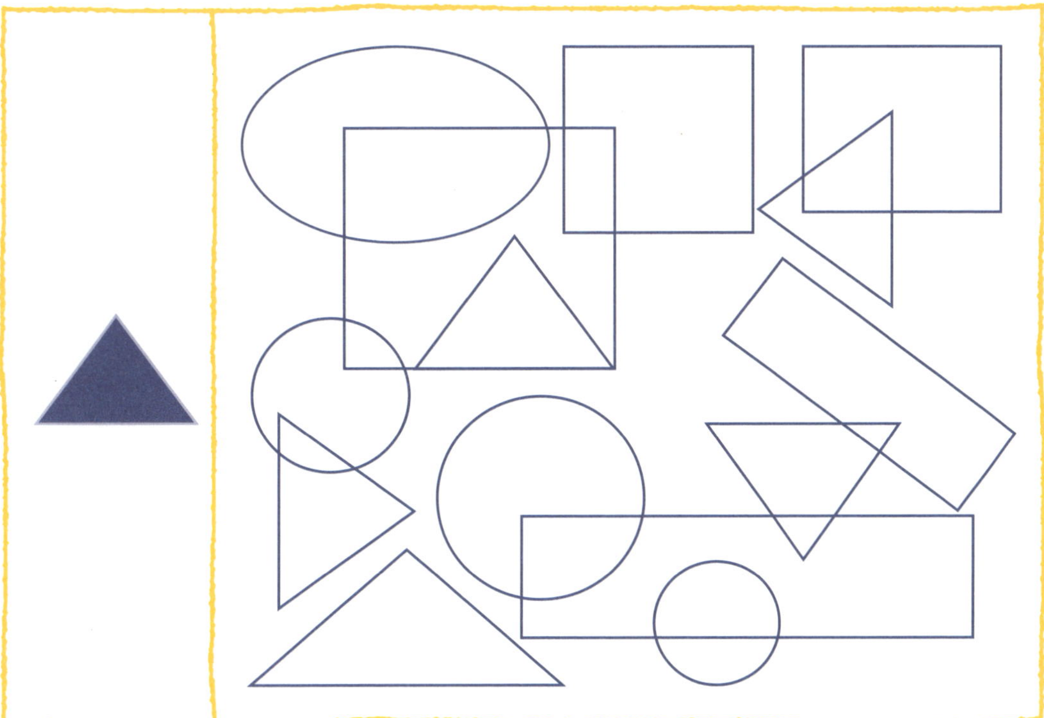



Im Linienbild geometrische Grundformen finden und ausmalen.

*Finde alle passenden Figuren!*

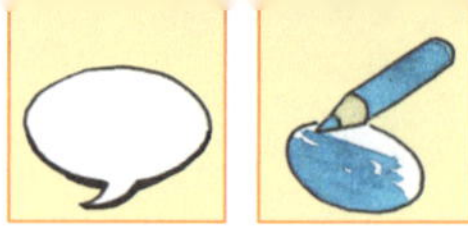

Im Linienbild geometrische Grundformen finden und ausmalen. Im oberen Bild Rechtecke, im unteren Bild alle Vierecke. *Finde alle passenden Figuren!*

Zum ersten Bild der Reihe das identische finden. Vorbewusst Lagebeziehungen beschreiben.

*Auf welchem Bild ist alles gleich?*

Körperteile bei Super M und bei sich selbst beschreiben.
*Was hat Super M in seiner Hand?*

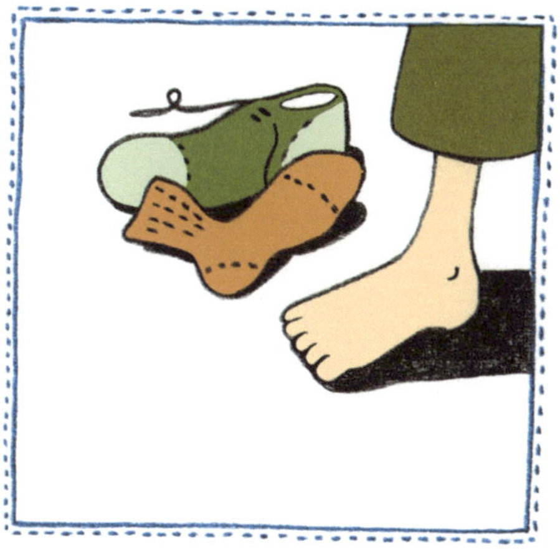

Bildelemente ausschneiden und zuordnen.
*Gib Super M etwas anderes in die Hand!*

Richtungsorientierungen erkennen. Mit Pfeilen Ausgangs- und Zielpunkt zuordnen.
*Wohin gehen die Kinder?*

10 Unterschiede zwischen zwei Bildern identifizieren und einkreisen.
*Finde Unterschiede zwischen den Bildern!*

Bildausschnitte auf den Seiten 4/5 wiederfinden und vergleichen. Fehlende Teile erkennen und im Bildausschnitt dazumalen. *Was fehlt? Schau auf den Seiten 4 und 5 nach!*

Figuren farblich und räumlich übertragen.
*In welches Kästchen kommt der Kreis?*

Figuren farblich und räumlich in die Leerformen auf Seite 22 übertragen.
*Welches Kästchen auf der nächsten Seite wird rot ausgemalt?*

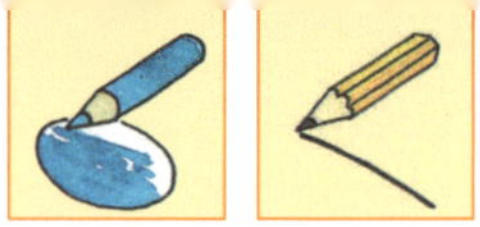

Figuren farblich und räumlich von den Vorlagen der Seite 21 übertragen.
*Welches Kästchen wird rot ausgemalt?*

Fehlende Teilstücke gedanklich einem Körper zuordnen. *Welche Scherbe passt zur Vase?*

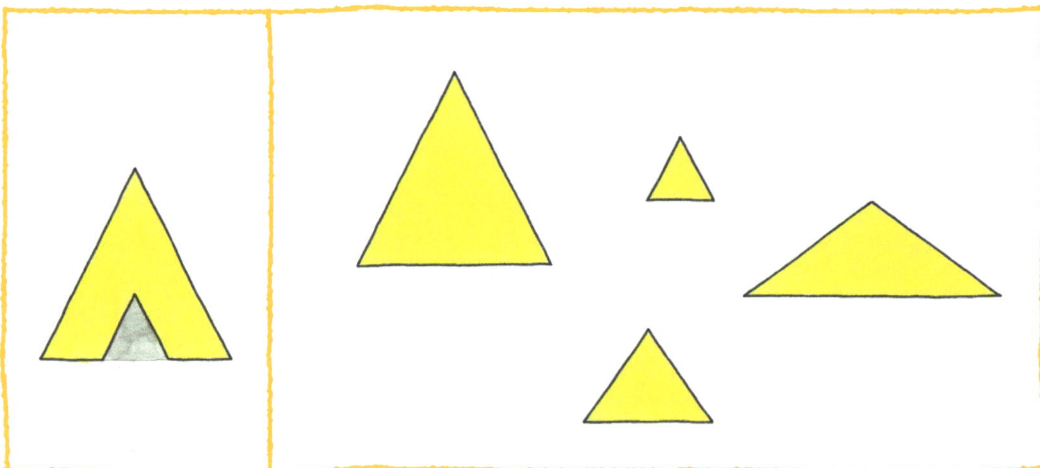

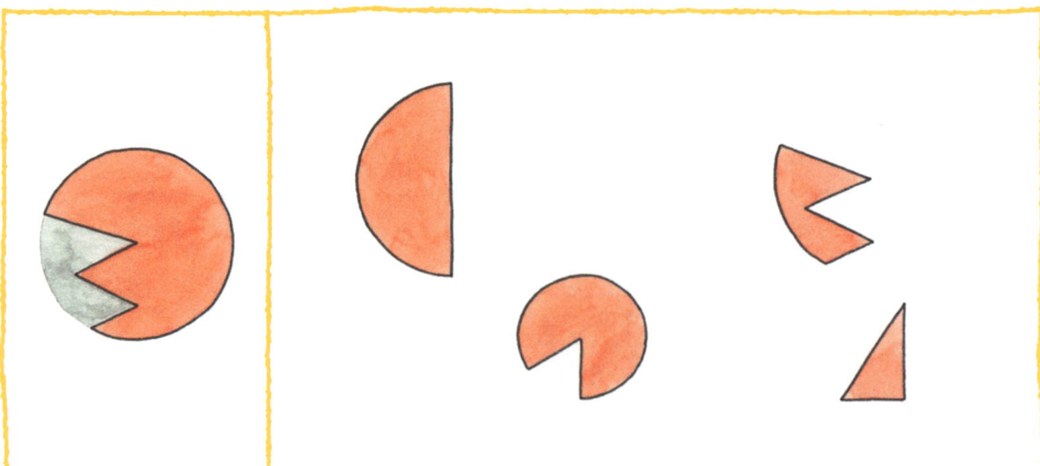

Fehlende Teilstücke gedanklich einer Fläche zuordnen.
*Welches Teil passt?*

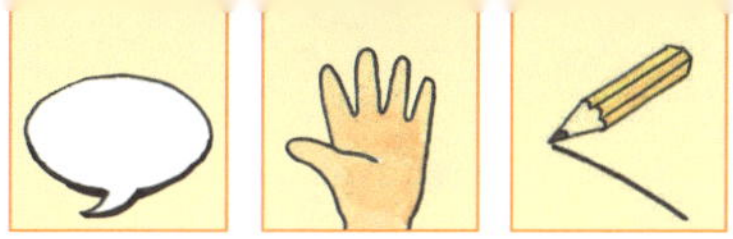

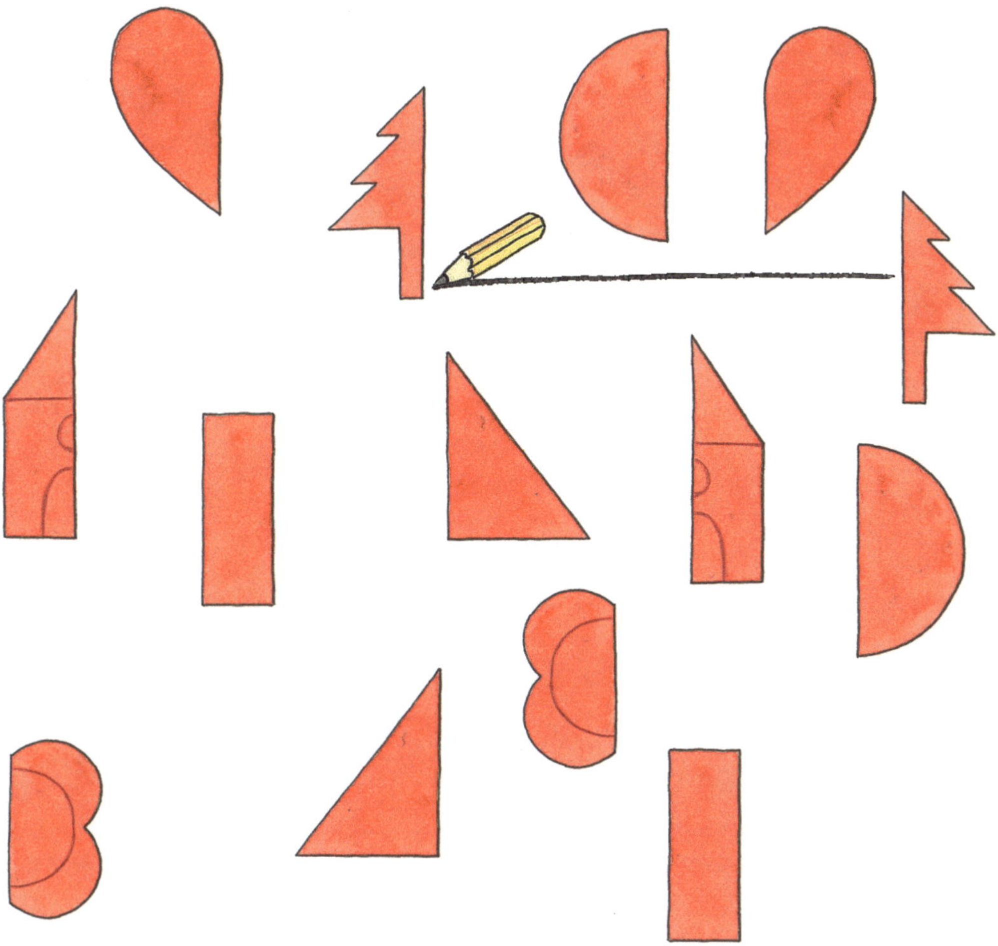



Passende Teilstücke gedanklich zu symmetrischen Figuren zusammensetzen. Mit Linien verbinden.
Symmetrische Figuren aus Papier reißen. *Welche Teile passen zusammen?*

Formen erkennen und farbig passend ausmalen. Die Lage der Gegenstände beschreiben, ggf. die Begriffe rechts und links gebrauchen. *Mit welcher Farbe werden die Kreise ausgemalt?*

Eine zusammengesetzte Form als Ganzes und in ihren Teilen wahrnehmen.
*Aus welchen Teilen besteht das Haus?*

Figuren je nach ihrer Ausrichtung anmalen; nach rechts: blau, nach links: rot.
*Male die Tiere, die nach links gehen, rot an!*

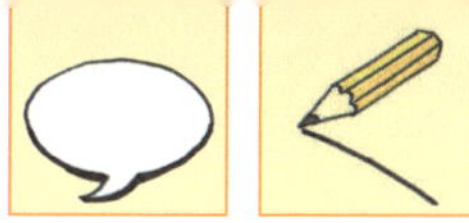

Eine Geschichte nach Bildern erzählen. Bilder mit Linien entsprechend der Handlungsfolge verbinden.
*Welche Geschichte willst du erzählen?*

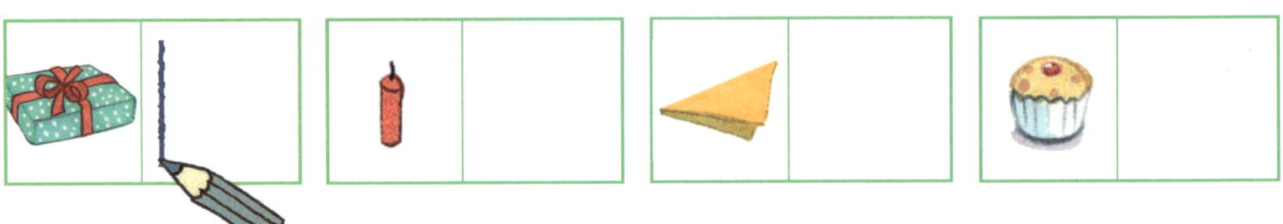

Eine Geschichte erzählen. Vereinzelte Bildelemente im Gesamtbild finden und deren Anzahl mit Strichen notieren. *Wie viele Geschenkpäckchen kannst du entdecken?*

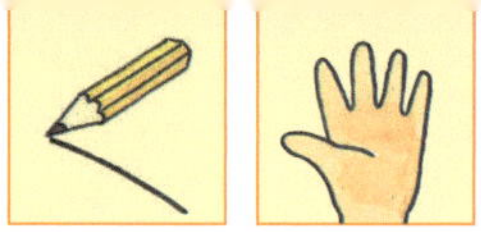

Die Anzahl der Wäscheklammern bei jedem Kind mit Strichen notieren. Ggf. das Wäscheklammerspiel spielen (Anleitung S. 64). *Wie viele Klammern hat das Kind mit dem grünen Pullover?*

Eine Geschichte nach Bildern erzählen; Bilder mit Linien entsprechend der Handlungsfolge verbinden.
*Welche Geschichte willst du erzählen?*

Bilder der Seite 35 ausschneiden und entsprechend der Handlungsfolge aufkleben.
Eine Geschichte nach Bildern erzählen. *Welche Geschichte willst du erzählen?*

ZIEL

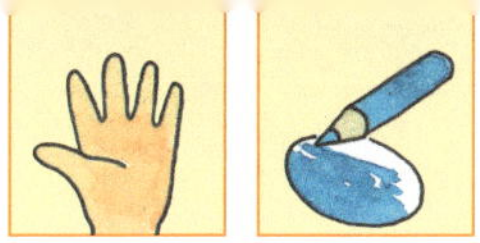

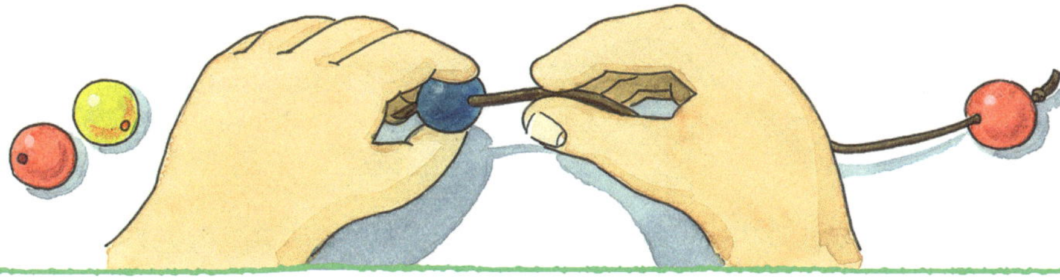

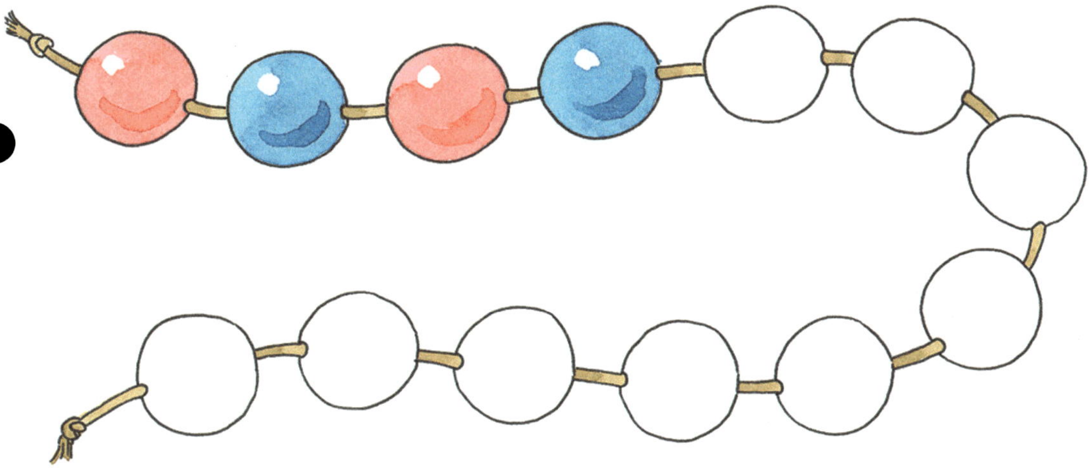

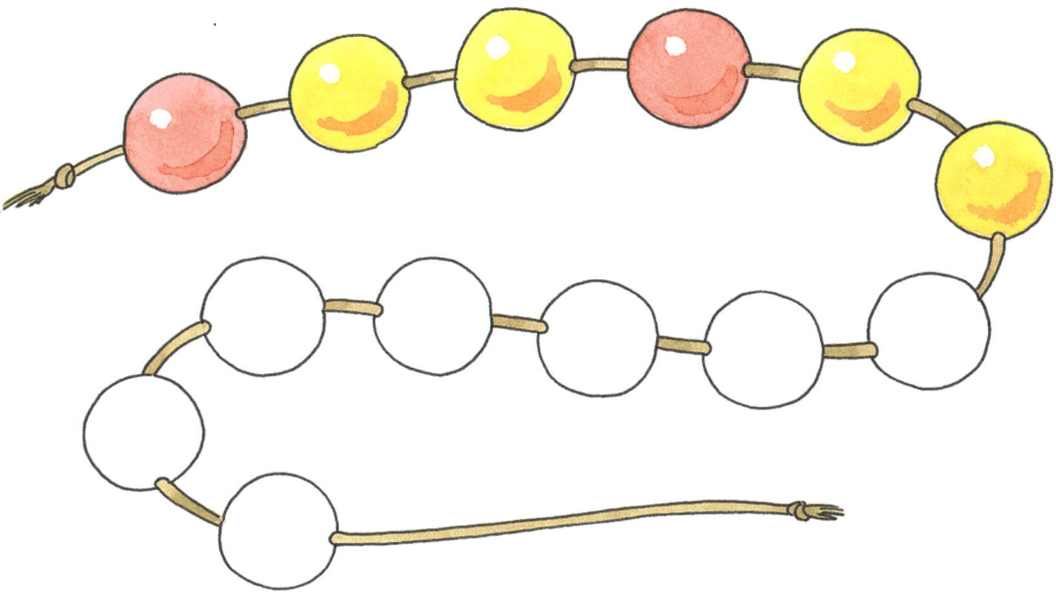



Die Perlen einer Kette im vorgegebenen Farbmuster weiter ausmalen. Selbst Perlen auffädeln.

*Male die Perlen so aus, dass sie zum Anfang der Kette passen!*

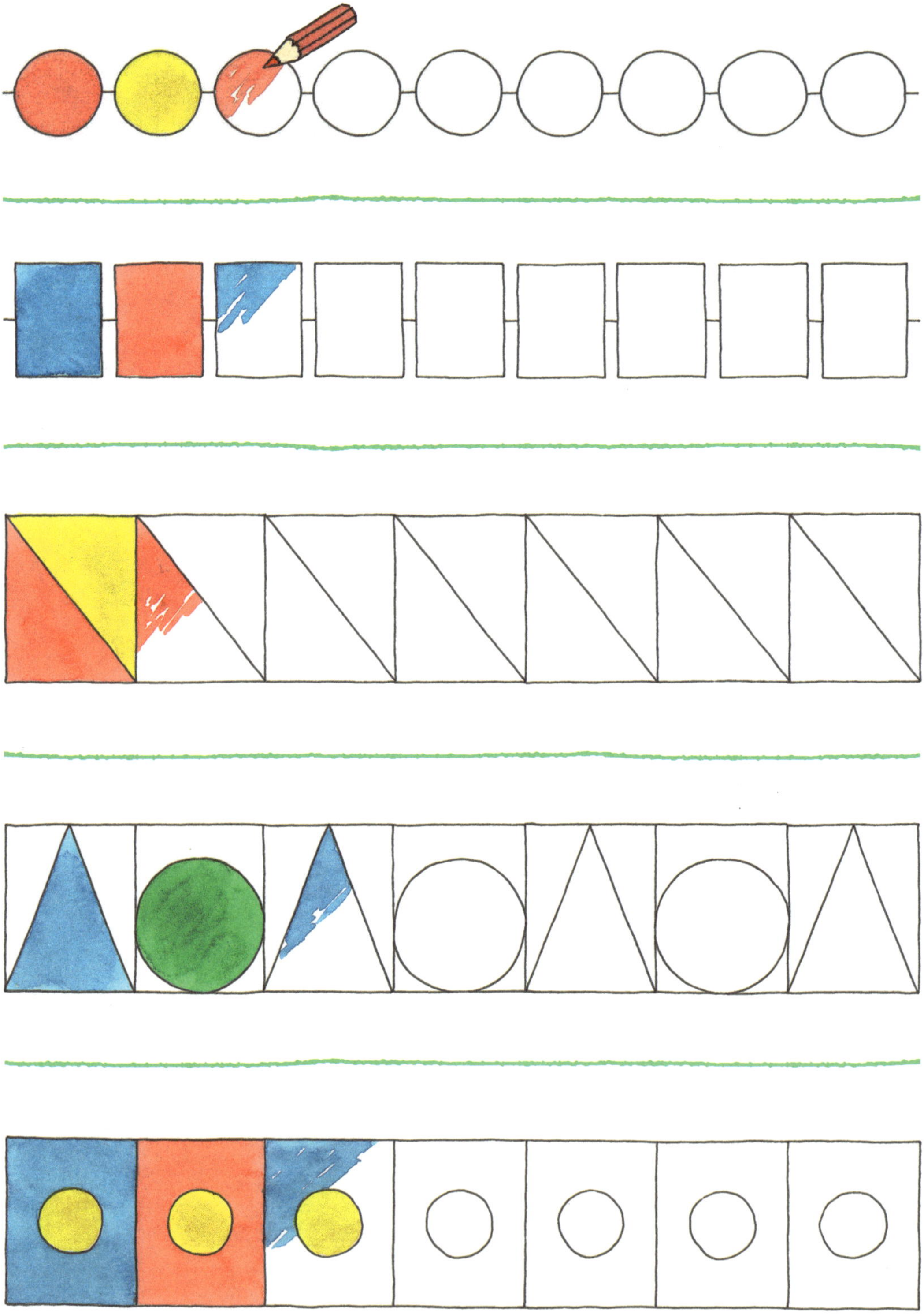

Das Ornament eines Bandes im vorgegebenen Farbmuster weiter ausmalen.
*Wie geht das Muster weiter?*

Die Rasterfelder mit dem passenden Muster füllen.
*Wie geht das Muster weiter?*

Durch Eins-zu-eins-Zuordnungen Mengen vergleichen.
Die Begriffe mehr, gleich viel, weniger gebrauchen. *Bekommt jedes Kind ein Törtchen?*

Durch Eins-zu-eins-Zuordnungen Mengen vergleichen. Die Begriffe mehr, gleich viel, weniger gebrauchen. *Bekommt jedes Kind einen Sack für das Wetthüpfen?*

Anzahlen von Gegenständen entsprechenden Würfelbildern zuordnen.
*Verbinde die Torte mit zwei Kerzen mit dem passenden Würfelbild!*

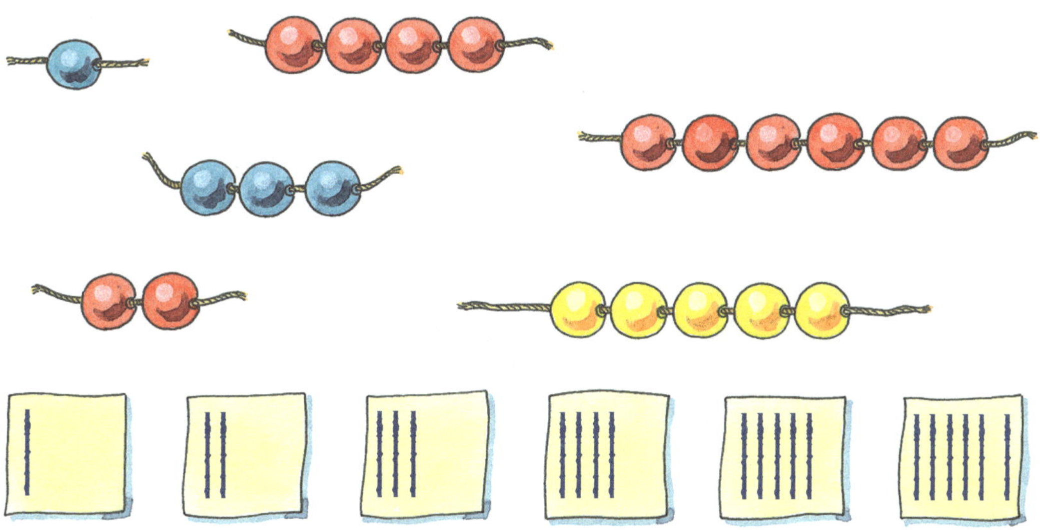

Anzahlen von Kindern/Gegenständen entsprechenden Strichbildern zuordnen.

*Verbinde die Gruppe von drei Kindern mit dem passenden Notizzettel!*

Bilder von Anzahlen mit Linien verbinden, sodass eine auf- oder absteigende Reihenfolge gesehen werden kann. *Wie viele Becher zeigt das Bild, das nach dem Bild mit zwei Bechern kommt?*

Schlussfolgerungen ziehen: Was könnte passiert sein? Eine Geschichte nach Bildern erzählen, dabei den „roten“ Weg oder den „blauen“ Weg auswählen. *Welche Geschichte willst du erzählen?*

1 2 3 4 5 6

Ziffernformen wiedererkennen. Nach vorgegebenen Farben Ziffern ausmalen.
*Welche Farbe hat die 1?*

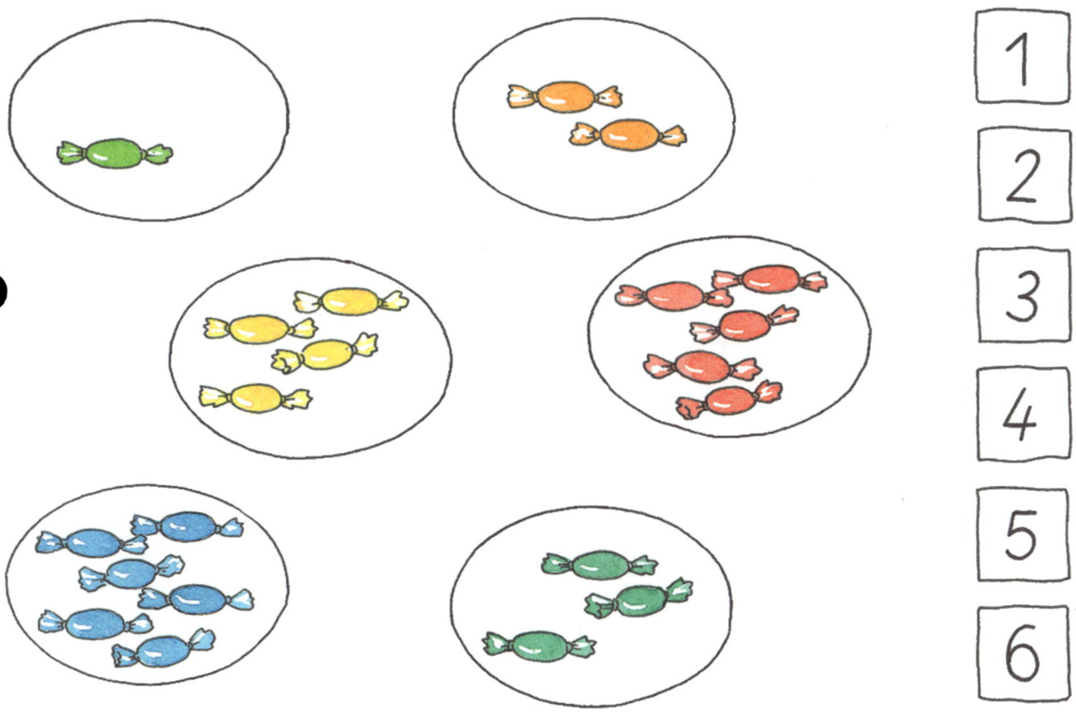




Anzahlen mit passenden Zahlen durch Linien verbinden. Erkennen, dass hinter Zahlen Anzahlen stehen. *Welche Zahl gehört zu dem Bild mit einem Luftballon?*

Das Gesamtbild mit passenden Bildelementen der Kartonbeilage vervollständigen. Beschreiben, was die Kinder im Bild tun. *Was möchtest du gerne selber tun?*

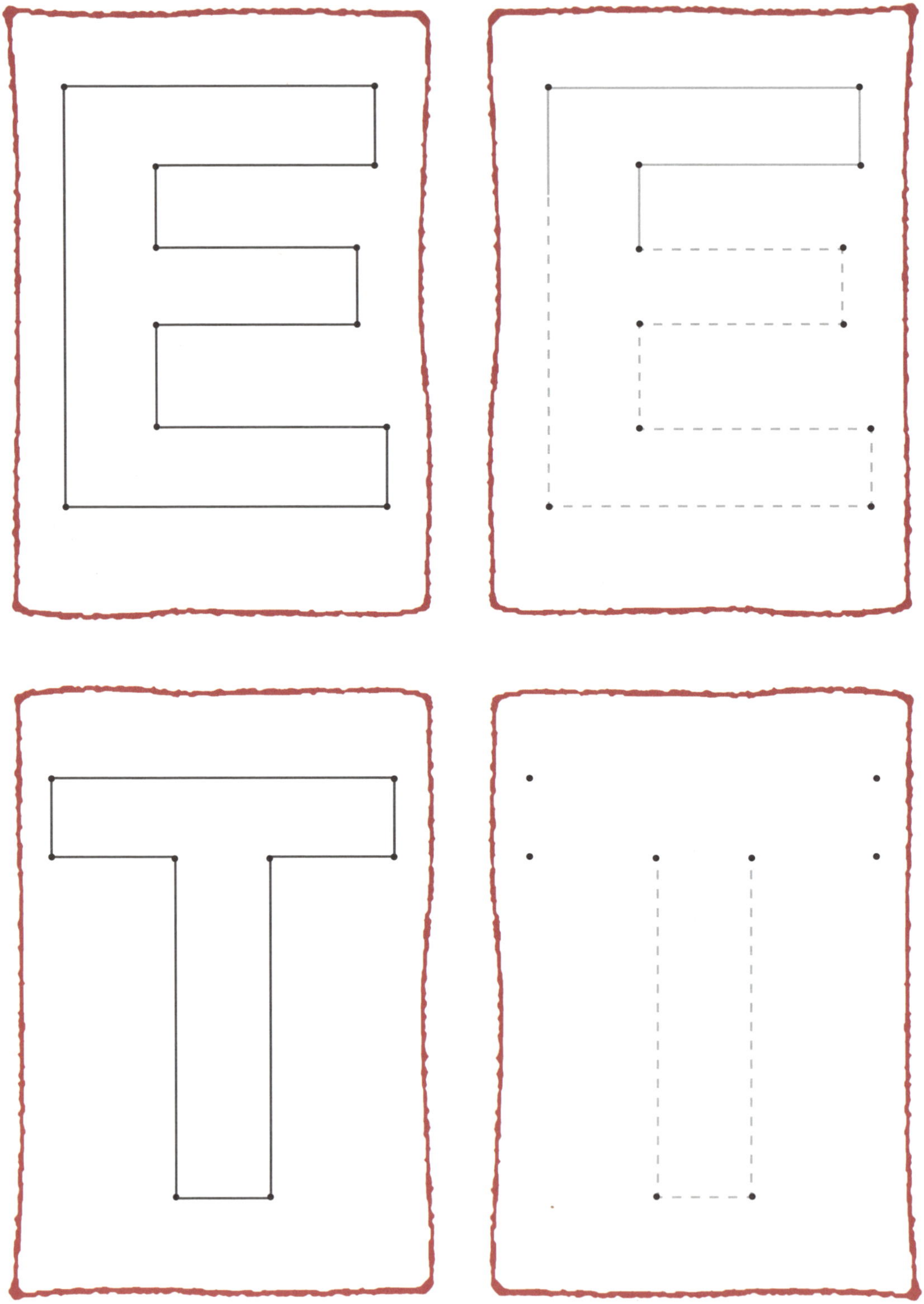

Eine vorgegebene Figur mit Hilfe von Orientierungspunkten reproduzieren.
*Zeichne die gleiche Figur! Die Punkte helfen dir.*

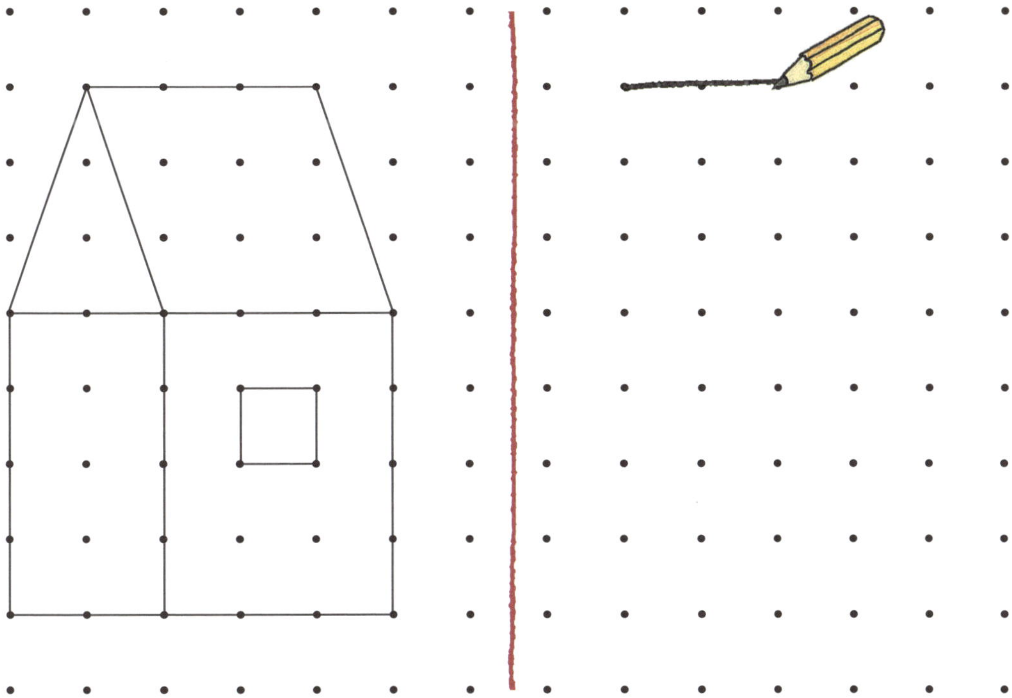

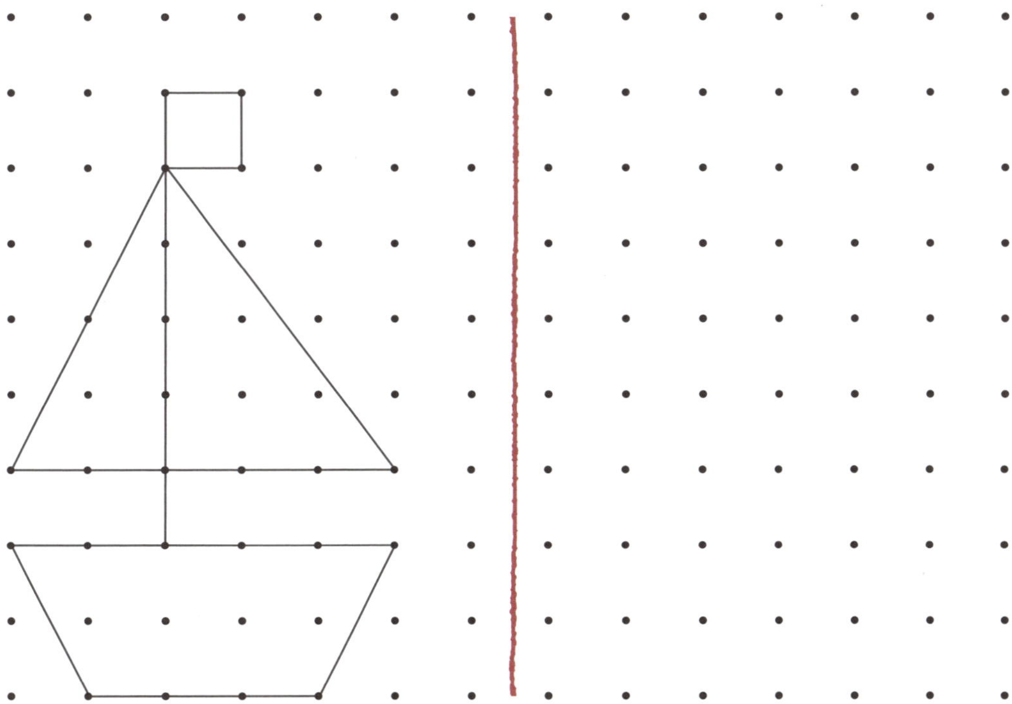

Eine vorgegebene Figur mit Hilfe von Orientierungspunkten reproduzieren.
*Zeichne die gleiche Figur! Die Punkte helfen dir.*

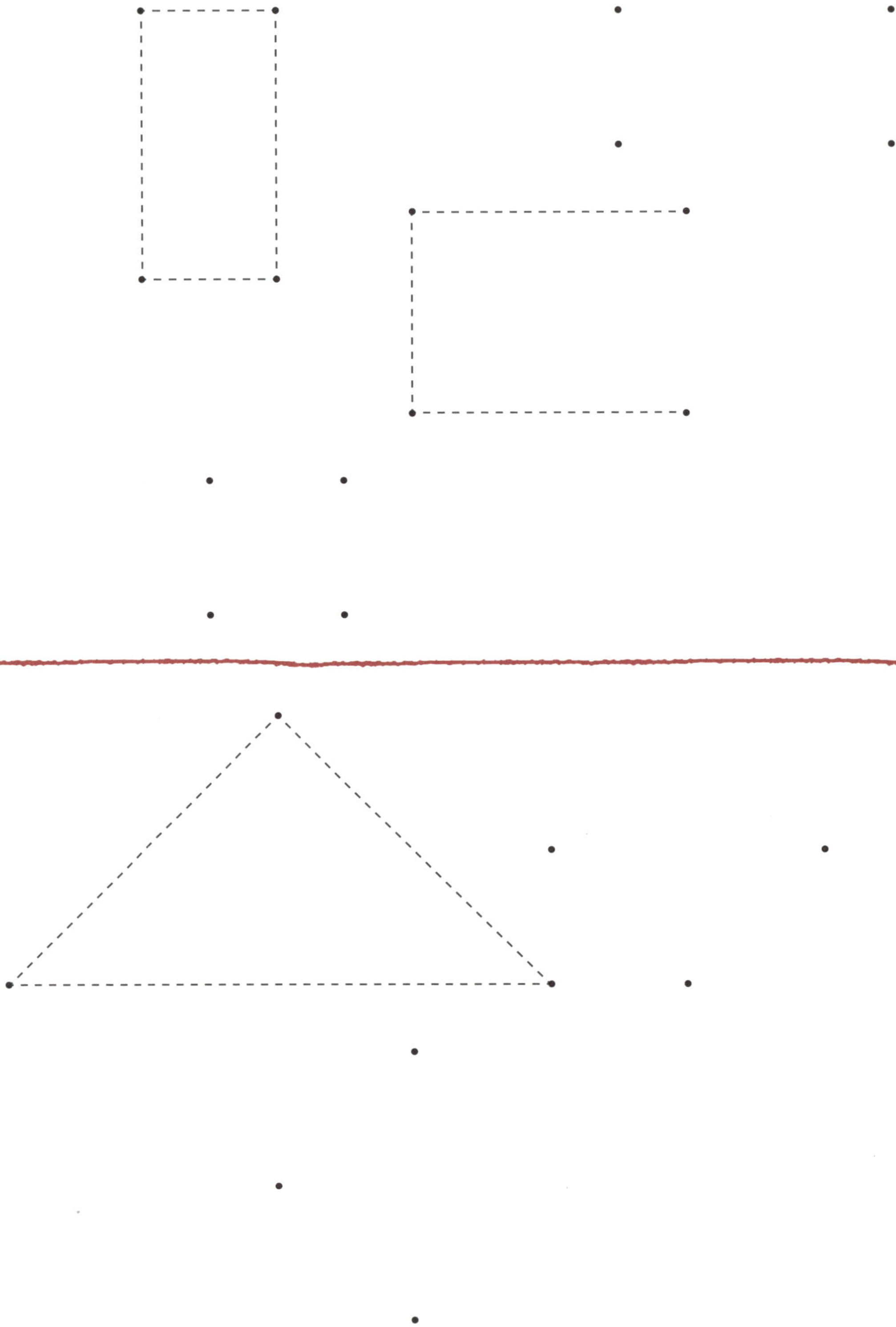

Punkte zu einer geometrischen Figur verbinden.
*Welche Figur entsteht, wenn du die Punkte verbindest?*

Eine vorgegebene Linienzeichnung freihändig nachzeichnen.
*Zeichne das Haus möglichst genau nach!*

Aus einer unstrukturierten Menge von Gegenständen eine bestimmte Anzahl mehrfach einkreisen. *Wie viele Äpfel gehören zum Würfelbild?*

5

6

Aus einer unstrukturierten Menge von Gegenständen eine bestimmte Anzahl mehrfach einkreisen.
*Wie viele Teddys gehören zu der Zahl?*

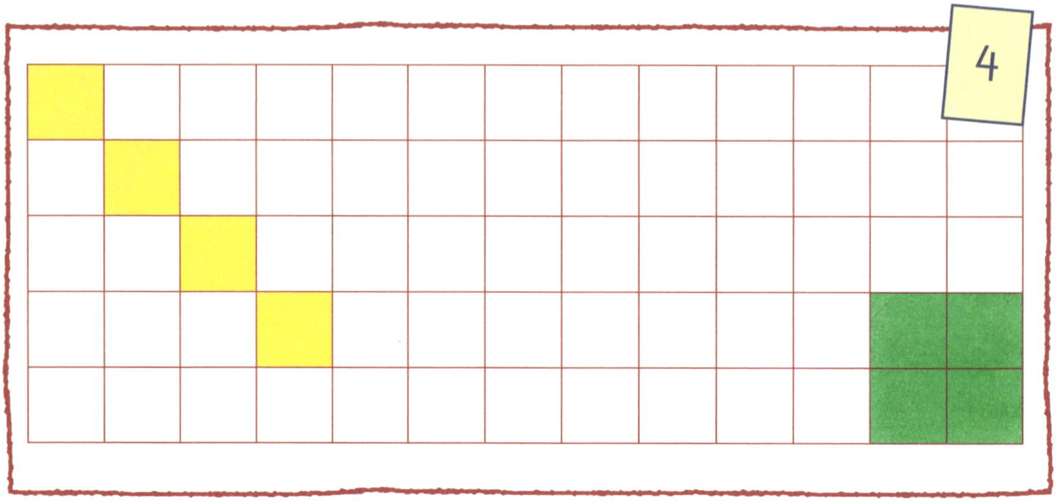


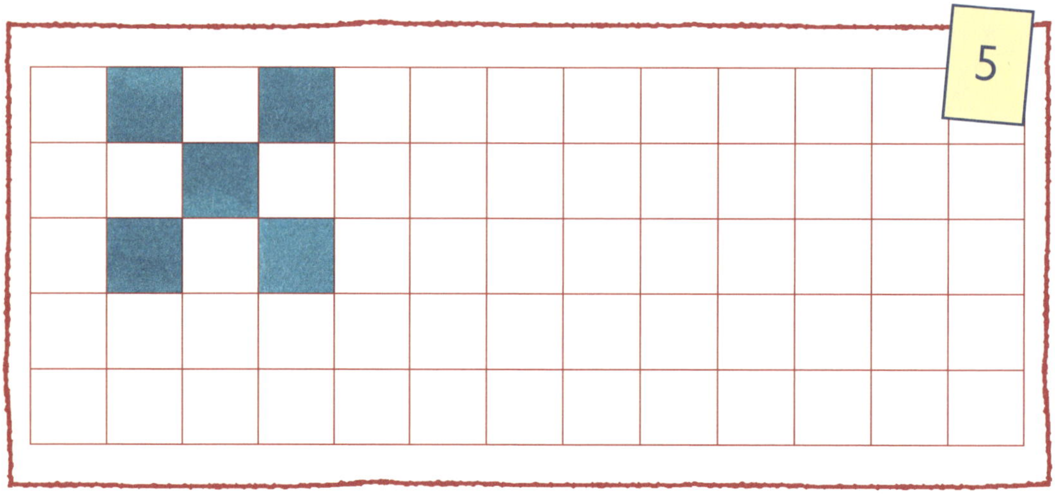


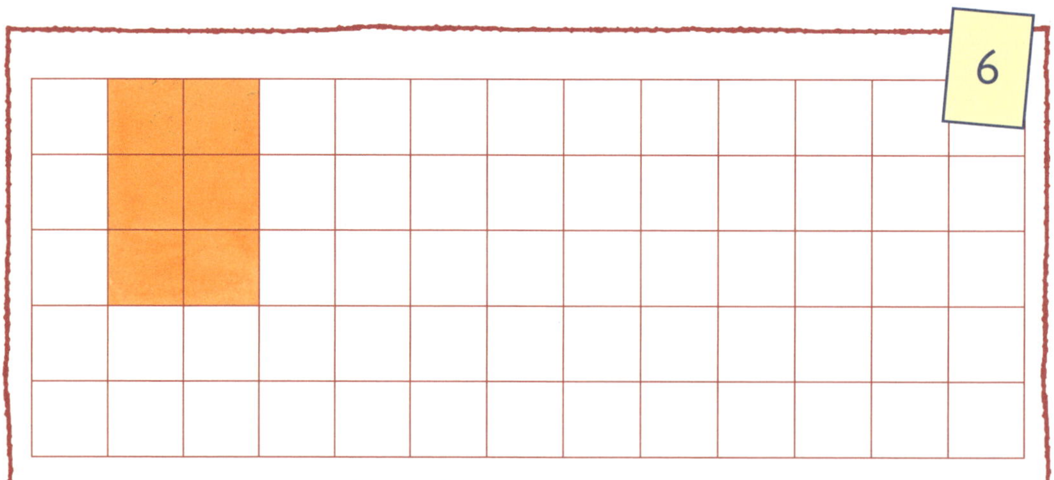

In einem Kästchenraster die vorgegebene Anzahl von Einzelkästchen einfärben, die Anzahl in verschiedenen Farben und Konstellationen darstellen. *Wie malst du die Kästchen aus?*

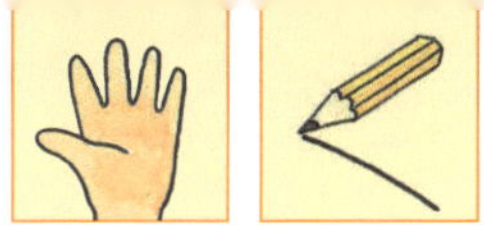

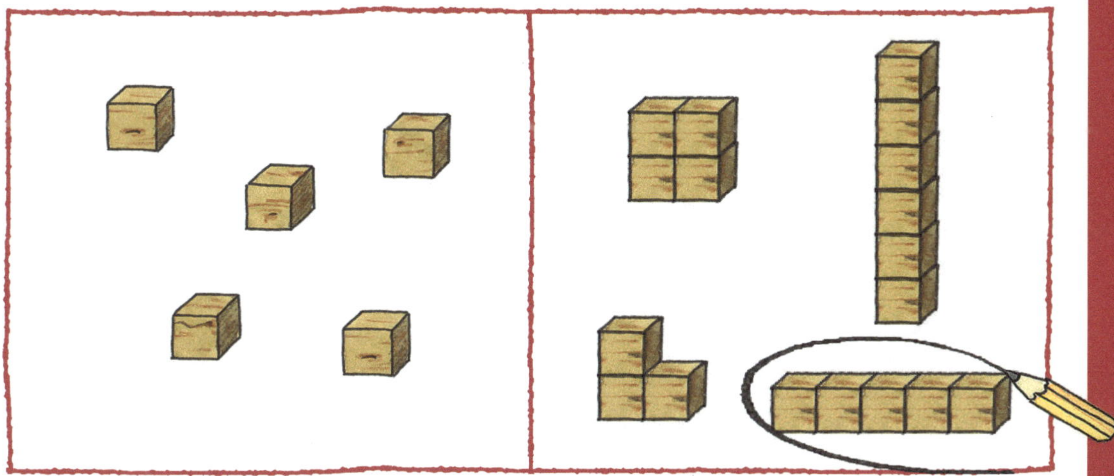

Bestimmen, welcher Würfelbau aus der vorgegebenen Anzahl von Einzelwürfeln entstehen kann.

*Welchen Turm oder welche Mauer kannst du mit den Würfeln bauen?*

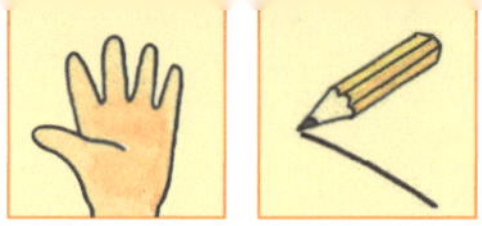

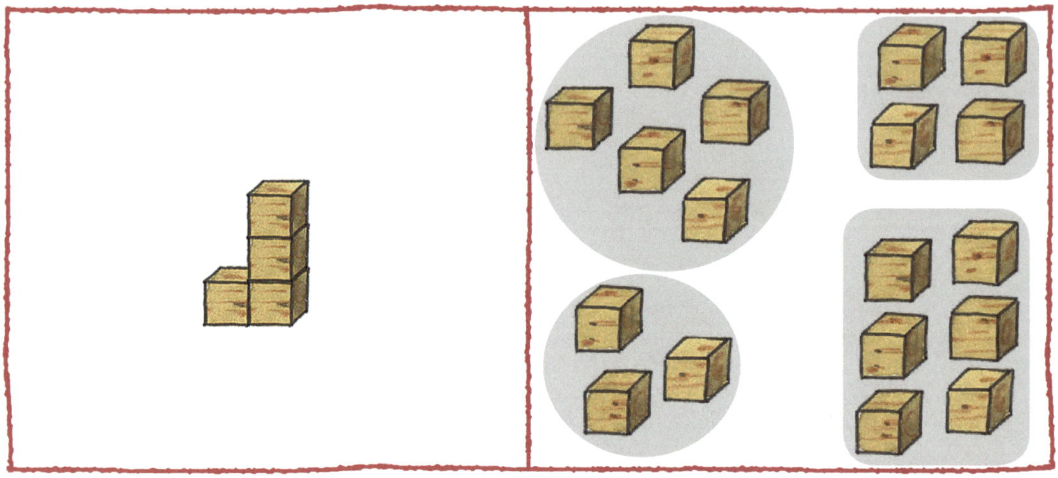

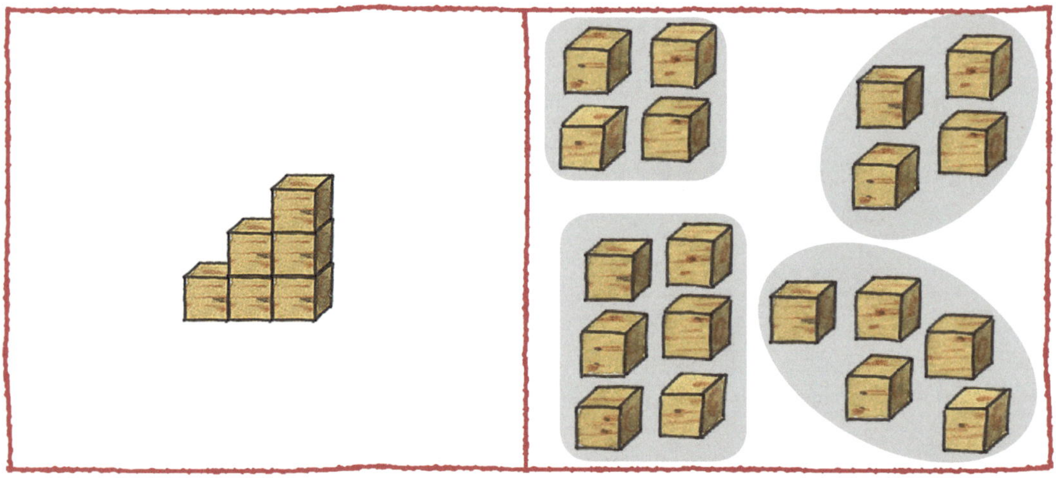

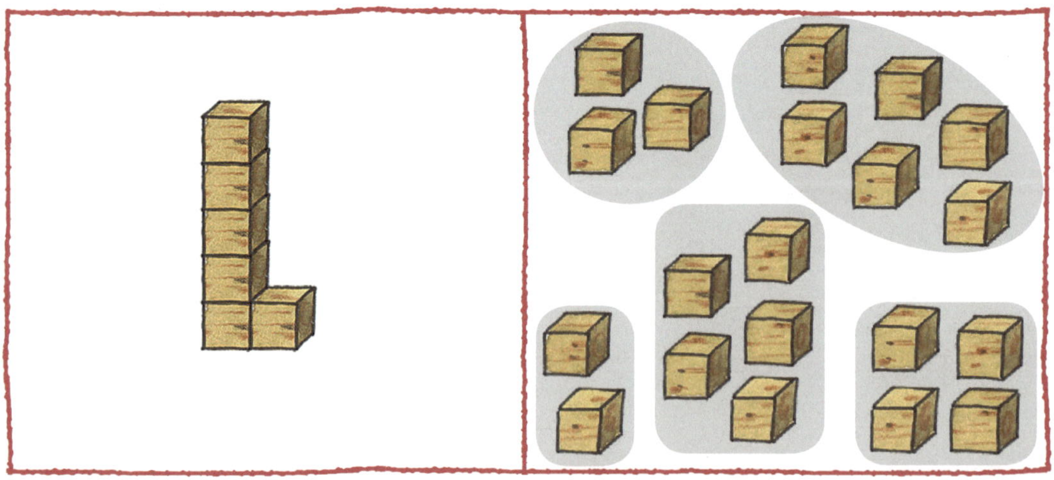

Bestimmen, welche Anzahl von Einzelwürfeln für den vorgegebenen Würfelbau benötigt wird.

*Welche Würfel brauchst du, um den Turm nachzubauen?*

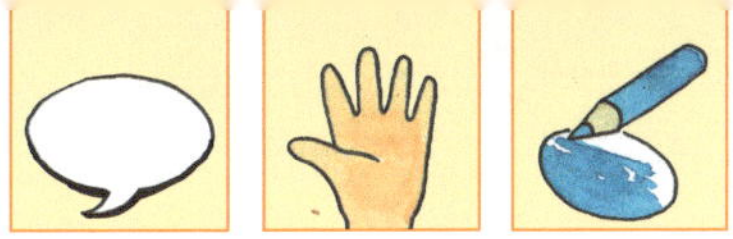

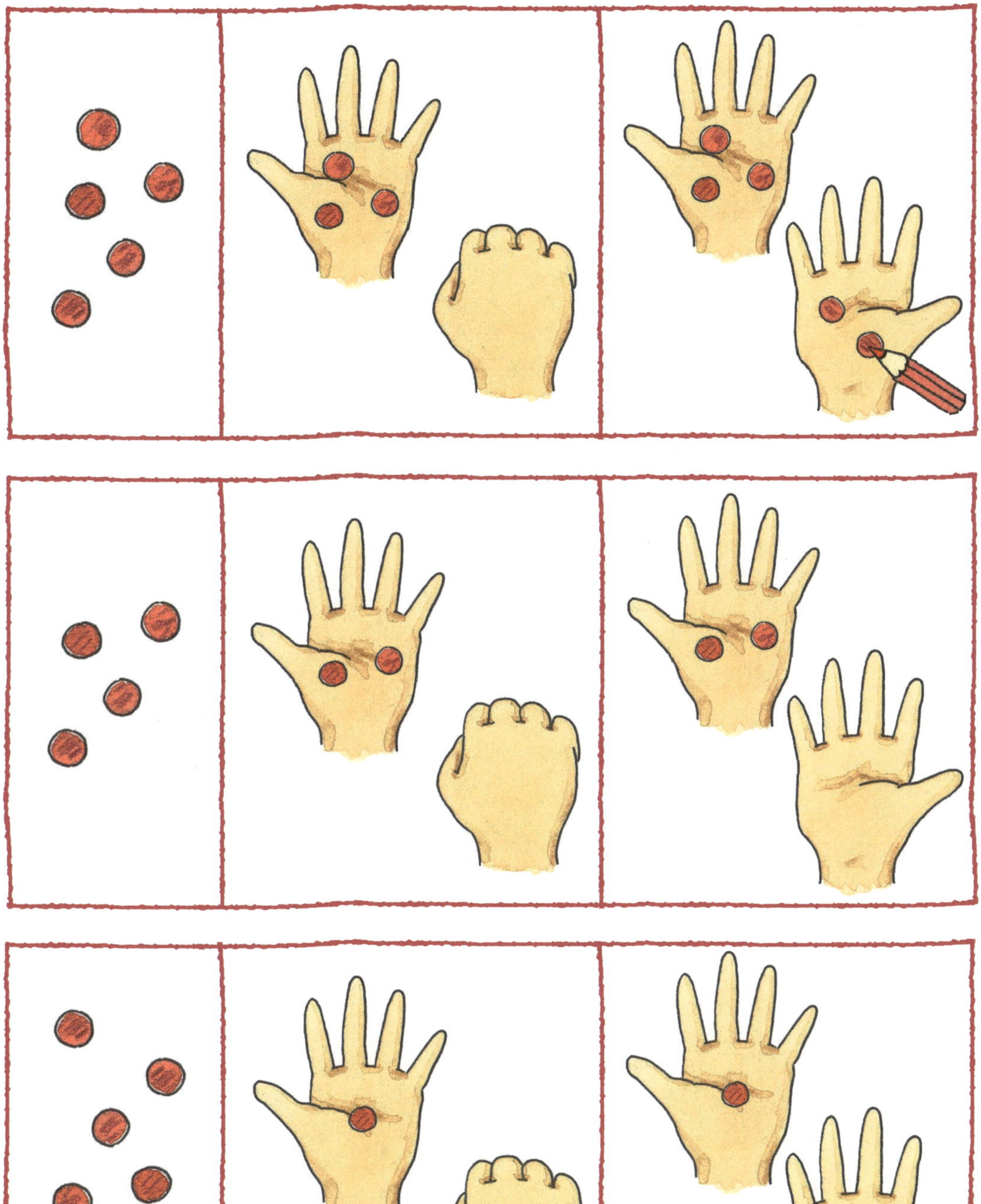



Mit den Händen eine vorgegebene Anzahl von Plättchen „zerlegen“.
Die fehlenden Plättchen in die leere Hand einzeichnen. *Wie viele Plättchen sind in der Hand versteckt?*

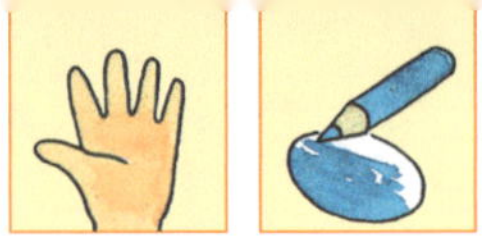

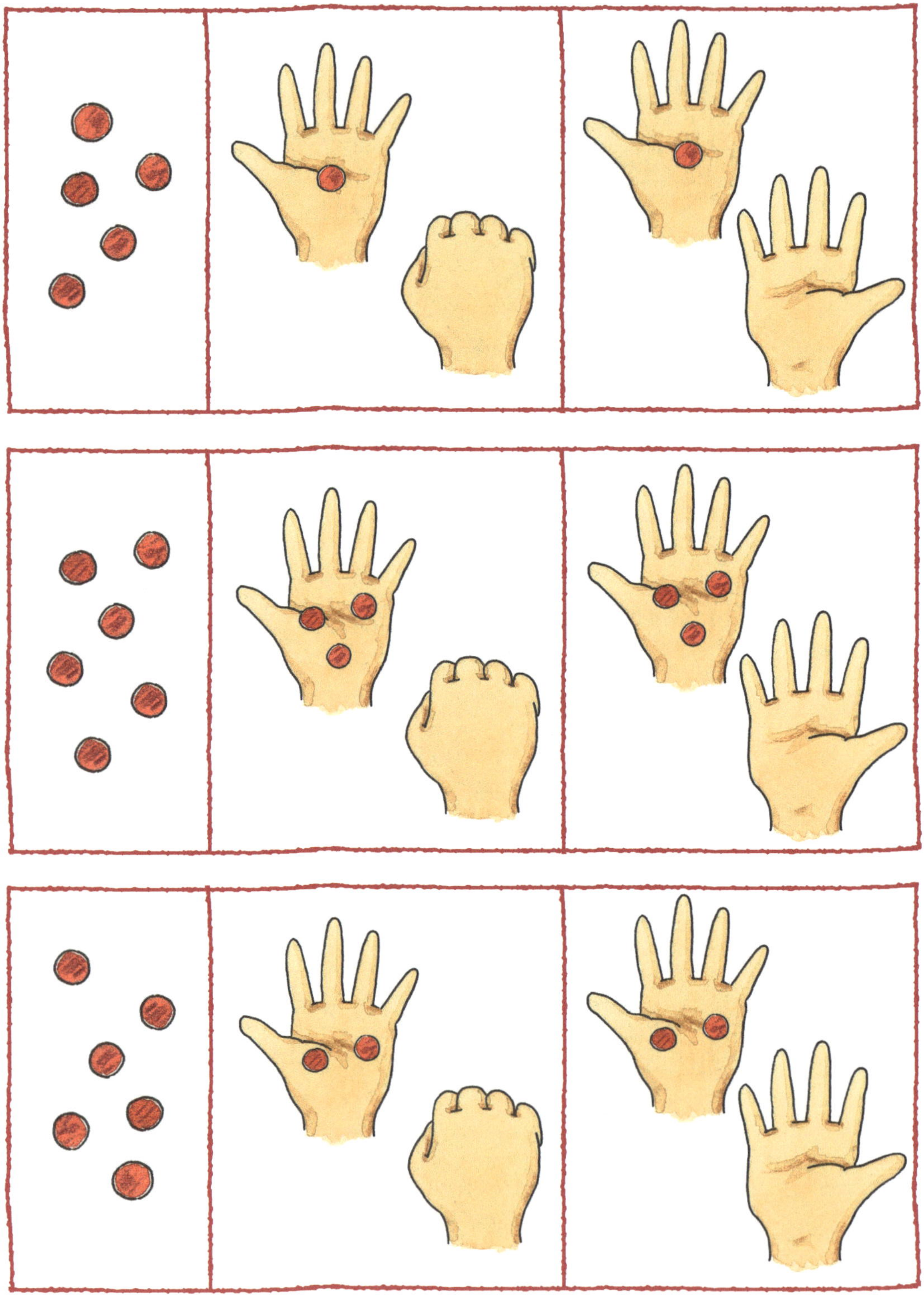

Mit den Händen eine vorgegebene Anzahl von Plättchen „zerlegen“. Die fehlenden Plättchen in die leere Hand einzeichnen. *Wie viele Plättchen sind in der Hand versteckt?*

# Das Zahlenungeheuer

Würfeln. Die Augenzahl vom Startfeld aus ziehen. Gelangt man auf ein Feld mit einer Zahl, entsprechend viele Felder in Richtung des Pfeils weiterziehen. Wer das Ziel genau erreicht, hat gewonnen.

# Das Zahlenungeheuer

Vereinfachte Variation des Spiels von S. 61: Statt Zahlen geben Würfelbilder die zu ziehenden Felder an.

Die gewürfelte Augenzahl ziehen. Rotes Feld: Ein anderes Kind zeigt kurz eine Karte mit Würfelbild oder Zahl. Wird die Anzahl/Zahl erkannt, entsprechend nach vorne rücken. Es darf auch über das Ziel hinaus gezogen werden.

*Hinweis zum Wäscheklammerspiel* (S.32)
Jedes Kind befestigt vier Wäscheklammern sichtbar an seiner Kleidung. Auf ein Kommando laufen die Kinder durcheinander. Aufgabe ist es, den anderen Kindern Wäscheklammern abzunehmen und bei sich selbst wieder zu befestigen. Wer am Ende des Spiels die meisten Klammern hat, gewinnt.

## Anregungen zur Arbeit mit den Würfelbild- und Ziffernkarten

***Hoch/Tief sticht.***
Die Karten liegen verdeckt auf einem Stapel. Die Spieler ziehen jeweils eine Karte. Wer die höhere/niedere Karte hat, erhält beide Karten. Wer am Ende des Spiels die meisten Karten hat, gewinnt.

***Schnellmerker***
Die Karten liegen verdeckt auf einen Stapel. Ein Kind nimmt eine Würfelbildkarte und hält sie kurz hoch. Erkennt der Mitspieler die Anzahl, darf er sie behalten.

***Flaschendrehen***
Die Würfelbildkarten liegen im Kreis. In der Mitte liegt eine Flasche, die von einem Kind gedreht wird. An der Stelle, an der der Flaschenhals zum Stillstand kommt, wird auf das entsprechende Würfelbild eine Ziffernkarte gelegt.
Variante mit Ziffern- oder Würfelbildkarten: Zeigt der Flaschenhals z.B. auf die Zahl 4, müssen vier Gegenstände geholt werden oder es muss viermal gehüpft, geklopft werden.

***Gegenstände sammeln***
Gegenstände liegen im Raum. Die Kinder decken ein Kärtchen auf. Entsprechend der Augenzahl/der Ziffer sammeln die Kinder Gegenstände und legen sie in ihre Schachtel.

***Zahlen übersetzen***
Ein Kind hält ein Ziffernkärtchen hoch, ein anderes zeigt die betreffende Anzahl mit den Fingern oder klopft, hüpft, blinkt mit einer Taschenlampe ... die entsprechende Anzahl.

***Bingo***
6 Würfelbildkarten liegen in zwei Reihen. Ein Kind würfelt zum Beispiel die Augenzahl 4. Jetzt darf es das Würfelbild mit der Ziffernkarte bedecken. Wer am schnellsten seine Würfelbilder abgedeckt hat, hat gewonnen.
Variante: Das Kind spielt alleine. Schaffst du es, alle Würfelbildkarten abzudecken?

***Das Zahlenungeheuer ist hungrig***
Das Zahlenungeheuer frisst Zahlen. Die Würfelbild- oder Ziffernkärtchen liegen offen auf dem Tisch. Die Kinder schließen die Augen. Ein Kind „füttert“ das Zahlenungeheuer mit einem Kärtchen. Die Kinder sollen erraten, welches Kärtchen gefressen wurde.
Variante: Das Zahlenungeheuer möchte immer eine bestimmte Anzahl fressen, z.B. „fünf“. Die Kinder geben ihm andere Zahlen zum Fressen (z.B. „vier“). Wie viel möchte es noch fressen? „Eins“.